茱思麗・卜雷

米蝦是一隻紅棕色的公貓，法國南特出生，兩歲大。

牠出生後幾個月，就出現性別認同障礙，連帶影響牠日後的思考模式，牠變得容易猜忌，抗拒權威。

這是兩個月大的米蝦

這是活蹦亂跳的米蝦

其實，牠被誤認為母貓長達三個月之久，還被叫成「小胡蘿蔔」哩。

不過牠的兄弟姐妹都滿腹狐疑。

我的「小胡蘿蔔」！

牠真漂亮噢！

呼嚕呼嚕呼嚕

你確定？

哦唷，我是小姐啦！

切，你哪像啊？

真過分。

米蝦雖然很受傷，牠的二十幾個兄弟姐妹卻一致推崇牠從小就展現過人的智慧和分析才華。

牠最幼齒的小妹「花生米」有社交恐懼症，但多虧米蝦鑽研出新方法，不出幾天就被治好。

啊！看吧，尚－克勞德，你是男生吧！

尚－克勞德，你欠扁啦！

我討厭尚－克勞德，但我不敢跟牠翻臉。

來，我們用吃來忘掉牠。

花生米

自修有成的米蝦以為，任何煩惱都能透過吃來解決。

我知道米蝦根本就沒把我放在眼裡，也從不把我當親媽看。

我們來扁尚一克勞德好不好？

把牠打趴！

我的小喵咪。

放開我。放開我。
放開我。放開我。
放開我。放開我。
放開我。放開我。

但是，只要牠們還沒摧毀我們的家當細軟，我們這些貓奴一定會原諒牠們的。

今天，米蝦有六公斤重。

這不過是個開始吶。

# 前言

## 吃是一件幸福的事

每隻貓咪的生活重心都圍著貓餅乾、鮭魚醬打轉。

米蝦振筆疾書，希望能寫出一篇擲地有聲的前言。

我經常聽見諸如此類的說詞：「這隻貓抓狂了。」「我的貓完全失控了。」

貓完全失控的範例

根據最新研究，攝取大量又富有營養的食物有助身心健康（讓爪子更銳利，毛髮更光滑）。

米蝦雖然肚子咕嚕咕嚕叫，卻執意要寫完。

不幸得很，家貓難以控制飲食，而容易緊張、失望或沮喪，甚至失控。

午餐時間

的確，我們生活的環境很舒適，不過要付出的代價未免太高了吧。

**離家出走**

| 贊成 | 反對 |
| --- | --- |
| 打獵 | 陌生人 |
| 隨地大小便 | 寒冷 |
| 不必再看到父母 | 鬥毆 |

對照圖表

在這本書裡我提供簡單有效的方法，教你放膽吃更多。

米蝦終於找到靈感了。

我也推薦幾個很實用的小撇步，讓日常生活變得更精彩，同時加上哲學性的批判……

……探索難以達成的目標：如何吃個不停，而且最好吃到的都是山珍海味唷。

米蝦開始參考哲學經典。

米蝦已經馬不停蹄寫了十分鐘，牠今天操勞過度了。

請別剝奪我們吃的幸福啊。

管他的！
我餓扁了呀！！

米蝦‧卜雷
2012 年 12 月 1 日
寫於法國紅山

# 活到老，胖到老

想要邁向成功之路，
真的需要一番勇氣呐。

只要能多吃一點，
我會不擇手段。

今天我要使出
什麼機車的
伎倆呢？

我真的要
跳囉，
我不是
鬧著
玩喔。

沒在「最短的時間內」餵米蝦的後果

邁向成功的第一步，
就從拋掉自尊開始。

「為了解餓不擇手段。」舔地
板，掉到地上的各種東西照吃
不誤。

如果聞起來不怎麼香，就一口
吞下肚吧。

也別忘了翻一下垃圾桶，
許多好料都藏在裡面喔。

哎喲，那塊薑
我放到哪裡去啦？

唉，可憐的米蝦
又吐了，
希望牠沒生病才好。

我跟你拍胸脯保證，只要你願意放下尊嚴，就能撈到包君滿意的結果。

一旦你決定完全丟掉自尊，要讓爸媽對你心生憐憫簡直是易如反掌。

奉勸你避免這種行為

拚命喵喵大叫，別怕虛張聲勢，而且叫越久越好。

喵喵叫的同時，還要流露出苦苦哀求的眼神，但裝出這種楚楚可憐的樣子需要一些演戲天份。

剛開始喵喵叫的時候

這種叫法必須有很大的肺活量，所以一定要戒煙才行。

回想一些傷心往事，想想你的親娘；想想那位曾經讓你奶水吃到飽的慈祥母親，想想你一去不復返的自由，或者回想那一次倒栽蔥的跳躍，真是丟臉丟到家了。

用心回想這些點點滴滴，同時直直盯著你養父養母的雙眼，自然能夠悲從中來。

演員上場前得聚精會神。

我已經一無所有了，我舉目無親，在外頭連地盤也沒了。

米蝦，你有口臭啦！

沒輒了（只好摸摸鼻子）

心軟的父母會在餵飼料時變得很
慷慨,不過你其實不太餓。

能幫你撈到最多食物,也帶來自
豪和自信的,是偷吃。

不過,在父母面前偷吃的藝術需
要大量演練和不凡的勇氣。

父母才不會被你滿臉無辜的矬
樣騙到。

我舉個好例子,顯示該怎麼看準
時機下手偷吃:在父母吃飯的時
候跳到桌上默默靠近,假裝愛睏
的樣子。

別惹人注意,最高境界是被忽略。

假裝昏昏欲睡,打打哈欠,平常
可以多練幾次。

隨便舔舔身體，闔上 95％的眼皮。

這樣可能會打草驚蛇，讓你立刻成為他們注意的焦點，這點要極力避免。

然後你得面臨最危險的時刻：父母走回來，把你逮個正著。他一定會火冒三丈，把你罵得狗血淋頭。

給我滾下來，豬八戒！

有些貓咪愛假裝做惡夢，或拚命舔全身，不過我極力反對這種做法。

米蝦不推薦美式餐點。

當你的父母站起身去廚房拿忘記拿的東西，或開始收拾餐桌，趕緊跳起來，你只有幾秒鐘像餓死鬼一樣拚命吃。

這種時候你要死皮賴臉拚命吞。

然後趕緊開溜，免得挨揍。
腎上腺素激增、食物的美味、激
怒父母，這一切都值回票價。

你會對自己更充滿信心，
也更快樂。

嘻嘻

一隻自我感覺良好的貓咪

注意事項：
你的父母習慣吃熱食。對炒菜鍋
和湯鍋發動攻勢前，先靜候數
秒。

某些炒菜鍋容易黏舌頭，舔的時
候產生答答聲，會馬上吵醒你的
父母。

咕嚕咕嚕咕嚕

米蝦！

一般而言，跟單親父母同住更有利於實踐「隨時吃更多的藝術」。

米蝦，
你在幹嘛？

我在上廁所啦，
來了！

我強力推薦單身母親，包容力強，特別容易上當，一旦抓到我們的小辮子，也能很快盡釋前嫌。

呼嚕呼嚕呼嚕呼嚕呼嚕
呼嚕呼嚕呼嚕呼嚕呼嚕
呼嚕呼嚕呼嚕呼嚕呼嚕

闔家共享的幸福時刻。

# 當家裡最跩的那一個

父母對你呵護備至，百般關心，為你添購珍奇貓罐頭，即使傾家蕩產也在所不惜，陪你玩遊戲一連數個鐘頭也不厭倦。

他們經常撫摸你，也知道你最愛被摸的地方。

嗯～

你舒服得毛都豎起來了！

噢，再用力點！

小心別昏沉沉睡著喔，相反地，我建議你持續對他們施壓。

你要無時無刻督促父母上緊發條。

再用力點呀！

不行啦，我的眼睛好痛喔。

繼續！

就是這樣！

隨時爭取更多的關愛，不知滿足才能激發出超完美的表現。

其實，我也陶醉其中。

比方說，雖然你很喜歡某個遊戲，卻拒絕再玩。

你不會一輩子都追著一條細線跑吧。

雖然很好玩，你還是要痛下決心，不要一看到球就像個瘋子跳過去。

擺出無聊的樣子也能刺激你的父母想些新把戲。

經過多年訓練，待在家裡就像去遊樂場一樣。

而且，我還擔任過一家巴黎貓咪遊樂園 2014 年開幕式的顧問。（玩遊戲有啥益處，請看下一章。）

簡單說來，要別人接受你的規則、你的喜怒無常。你的被害人越早習慣你跋扈的態度，越容易逆來順受。

# 在遊戲中發揮創意

吃飽喝足之餘要多多發洩精力，盡情玩耍，假裝攻擊小鳥或小老鼠，你的身心更為舒暢。

米蝦一天到晚在做白日夢。

別忘了遠古時代，我們的貓祖先為了糊口必須外出狩獵。

米蝦根本不知道牠在幹嘛。

住在公寓裡該如何享受狩獵的樂趣呢？

攻擊父母。好悲哀，為了找點樂子竟然得走到這步田地。不過我們還有別的選擇嗎？

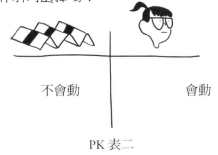

不會動　　　　　　　　會動

PK 表二

通常他們是你唯一能找到活著又會動的目標。

哎呀呀　呀

問題在於你不是跟兔子、沙鼠或毛絲鼠同居。

我要宰了你！

我在這裡就不細數每一種攻擊招式了，雖然招式不斷推陳出新，原則卻相同：側面攻擊。

很蠢的攻擊。

跳到肚子上攻擊，

出奇不意的攻擊，躲在窗簾後面是個好點子，不過可別露出尾巴。

小心別這樣。

攻擊下肢、是否亮出爪子，全看你當下的興奮程度而定。

米蝦陷入兩難：抓還是不抓。

由高往下進攻，也就是蹲在冰箱上揮拳。

天底下最丟臉的攻擊。

切記：先想好退路。

要避開的地方：

死角

緊閉的房門

底太低的五斗櫃

# 其他遊戲

### 撿紙球

 ★★★★

撿到囉！

可玩性：闔家歡遊戲

有效期間：一輩子

整體評價：保證歡笑一籮筐。如果你最後把紙球撿回來，父母會多愛你幾分，也會心甘情願加菜喔。

### 追蒼蠅

 ★★★☆

可玩性：緊張刺激的動作遊戲

有效期間：一隻蒼蠅可以玩個把鐘頭

整體評價：追蒼蠅很爽，是我最哈的遊戲，可惜蒼蠅不是全年都有。

### 抓人手

 ★★☆☆

上次的傷口結痂了。可以抓囉，

可玩性：很爆笑但掃興

有效期間：見血就得喊卡

整體評價：人類的肌膚不太堅韌，輕輕一搔就出血，這個遊戲有樂極生悲的危險。

### 捉蚊子

★☆☆☆

可玩性：疲於奔命但沒啥意思

有效期間：炎炎夏夜

整體評價：這個遊戲能給父母一些甜頭，不過娛樂指數太低。

### 追尾巴

 ☆☆☆☆

可玩性：追自己的小尾巴，空洞可笑吧。

有效期間：是可以不停地追呀追，但到底有什麼好追呢？

整體評價：六個月大後還玩就丟臉了。

# 成為自我感覺良好的小變態

給我閉嘴！

我不打算在此對貓咪各種變態的作風著墨太多。

我提出兩大法則：
一、操縱法則

我會讓你的日子生不如死！

喵喵喵喵喵喵！*

才五天大的米蝦已經滿腦子變態的念頭。

*翻譯：我要撕破你的臉。

施展魅力是很重要的階段，不過不必太用力，因為我們天生就高貴美麗嘛。

我們有一種能把人類迷得團團轉的魅力，這對爭取更多食物很有用喔。

我尿床了！
嘻嘻！
沒關係，味道清淡，我早就習慣貓尿了。

來！
還要！
DE LUXE

等到爸媽對你有了感情後，找出他們的弱點，再拚命在上面撒鹽，必要時大膽使用暴力。

一大早就抓醒他們。

我其實很不喜歡這種餅乾，我要吐了！

啊？怎麼了？
吵醒你了唷？
好吧，是我不對！

最理想的早餐時間是五點半。

抓這裡

被逮到就沒早餐

米蝦認為這個方法不適合老頭子。

你可以無法無天，反正他們對你付出感情後便瞎了眼。

採取緊迫盯人，不必管隱私什麼的，更不能容許他們關上房門。

另一條重要法則：
二、騷擾法則

原來你在這裡！

他們以為這是感情深厚的表現，其實想法早就被我們操縱。

要衛生紙嗎？

呃，要…

切記，不必尊重他們的隱私

這種丟臉行為其實是為了要給他們個下馬威，同時抬高你的身分，並繼續控制他們。

啊娘喂！

放手一搏，你就能過著飯來張口、茶來伸手的日子。

來吧，給你吃些肉餅。

米蝦變落湯雞的模樣。

# 別踩爸媽的底線

緊急奉送
兩歲大的
紅棕貓咪一隻

不幸得很，人類雖然看起來很相像，其實完全不一樣。

所以我奉勸各位不必追隨爸媽的腳步而調整行為，甚至要拒絕他們稀奇古怪的要求。

一天到晚被罵。

我們能從一些蛛絲馬跡看出自己有沒有太超過，最常見的跡象是：你經常挨打。

諸如此類的對立只會把你帶向失敗，甚至被人棄養，更慘的是，貓罐頭也會大量減少。

沒人溫柔地撫摸你，甚至會被關禁閉。

為了避免諸如此類的結局，我勸你放低身段。

噢，牠撒嬌的模樣超萌。

咪♡

當然，受到這種奇恥大辱後，你很容易被怒火和報仇衝動沖昏頭。

真對不起你，竟然想把你送走。

咪♡

不過如果你不想被丟到森林裡度過餘生，那就忘掉仇恨，睡大頭覺吧。

咪♡

對我來說，重頭再來一次才是最佳方案。

我不想再裝可愛了！

我只想亂吼亂叫！

哇哈哈哈哈

混蛋！為什麼尿在上面？

咪♡

警告：如果你偏偏是少數的壞蛋貓，我幫不了你，你被判處溫柔體貼跟畢恭畢敬的刑罰。

這部納粹紀錄片好酷，我最喜歡看他們殺人了，特別是把那些老人宰掉的時候。

透過其他管道洩憤的貓咪。

# 把父母的叫罵

## 當耳邊風
## （鬼才有罪惡感）

爸媽罵個不停表示我們的操縱遊戲沒派上用場，不過我們對挨罵早就習以為常了。

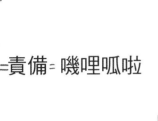

盆栽的土被挖出來，煙灰缸被打翻，沙發被抓得坑坑疤疤，床鋪充滿尿騷味。

舉出那麼多討罵的原因。

我勸你裝聾作啞，把這些話當耳邊風吧。

最好假裝聽不懂和很無辜。

雞同鴨講

避免和父母打照面，免得被颱風尾掃到。

更有效的辦法是裝自閉症。

這是你家，地盤上的每一樣東西都
屬於你，你爸媽不能否認這一點。

如果你無緣無故打碎一件珍貴的傢
俱，實在不必辯解。

反正，你身上流著毀滅的血液。

# 搬家需要
# 一段時間哀悼

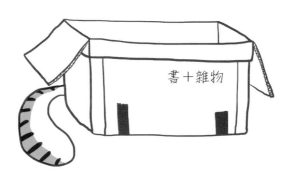

書＋雜物

失去地盤很可怕，沒有親身經歷過是永遠也無法想像的。

那意味了你將離開最喜愛的窩藏處，離開熟悉的味道，離開對你有特殊意義的一切。

你的父母不但不懂你的心，不給你安慰，還把心思放在別的地方……

他們忙著玩你的紙箱子。

其實他們打算利用這個玩意哄你。

起初，他們會給你很多箱子，讓你感謝上天活著真好。

說實在的，還有什麼比紙箱更好玩
呢？沒有。

米蝦，如果你不改變想法，今天
晚上去睡布勞賽良德森林。＊

謝謝。

然而，在一個陰霾的日子裡，
紙箱一個個搬走了。

你的家當細軟也搬光光。

她拿我的
新傢俱幹嘛？

不准動我的
高級傢俱啊，
我絕不容許！

當我想到待會兒
要把米蝦
放進籠子，就……

你不由分說就被人塞進籠子裡，這
下你完了。

你再也看不見自己的領地了。

連我的書桌也搬！
這個禮拜我不過在毛巾上
撒了一泡尿！

就得到
這種回報！

進去！混蛋！

痢痢狗！

她最好不要
把我放出來，
不然我一定
給她好看。

＊ 譯註：布勞賽良德森林是亞瑟王傳奇故事裡的神秘森林

接下來你會經歷以下階段：

一、睜眼說瞎話。「我們會回家的。」

米蝦，你還好嗎？

二、憤怒。「我死也要讓他們付出代價。」

我尿尿了。

來沖澡。

有生以來第一次搭電梯。

三、抑鬱。「看到紙箱就悲從中來。」

這是我這一生最悲慘的日子。

美妙的時刻。

四、接受。其實你永遠也無法接受。

米蝦，你看起來好多了。

我們什麼時候回家啊？這裡好臭。

你在這個新地盤鬱悶地過了幾個禮拜，無時無刻不在打哆嗦，而且不斷做噩夢。

╳＝發臭的地方

你找不到熟悉的地標，你不知所措，甚至有大半天吃不下東西……

還要多久才不用陪你吃飯還外帶摸摸啊？

這能給我安全感嘛，再一下啦。

但這不代表你的人生完蛋了，幾個禮拜後，你的味道將瀰漫各個角落。

你將一平方公分一平方公分地探索這個新空間，也許有一天，你會在這裡過著快樂的生活。

摩擦
摩擦

這裡開始香噴噴了！

嘻嘻，我想找樂子了。

不過無論如何，你內心的創傷永遠都在，那就換成從飲食中尋求慰藉吧。

行為學派專家說，移動一件傢俱都會讓牠們的小心靈受傷，更何況是搬家……

我學貓太人服喪的傳統，一個禮拜不舔身體。

米蝦適應得很好，我真高興！

# 戰勝對
## 小鬼和狗狗
## 的恐懼

自遠古時代以來，狗和小鬼就是我們最大的天敵，他們有侵略性、愛記恨，而且又不是生活必需品。

有些貓因為第一次不太美好的接觸經驗而一輩子走不出陰影。

由於不可能每次都躲得掉，牠們只得悲傷地妥協，放棄一些地盤和一些自己。

不過，如果我們勇於進一步觀察這些小鬼頭，會發現到浮躁、尖叫其實是為了掩飾他們的脆弱。

他們行動遲緩、缺乏利爪、很窩囊、視力不佳。

撇開牙齒不談，他們身上沒有任何東西能夠造成威脅。

我甚至能很肯定地說，他們天生就是要當被支配的一方。

你可以成為他們的父母，成為他們眼中備受愛戴的領袖。

要達到這個目的，只要趁第一次接觸時就重重摑他們幾個耳光。

狹路相逢勇者勝。

通常，敵人的體型或外表並不重要，自信滿滿外加螃蟹拳才是致勝關鍵。

# 與小鬼相處的注意事項：

由於某種神秘的原因，人類不喜歡小孩受到攻擊，
因此這些小鬼都像早有準備一樣，這也是為什麼在
教訓他們之前，要先將他們隔離起來。

……米蝦！這是要幹嘛……

來玩嘛。

來，到裡面的房間，
我要給你看一樣東西。

這是什麼東東？

我的
盥洗包啦。

號外：
米蝦最好的麻吉
是小孩子！

下次放假
你會來嗎？

一定，我還會
把家裡的羽毛
帶來給你。

# 不再害怕獸醫

另一個敵人，而且你得在他的地盤跟他作戰，還得面對他的遊戲規則。

尿尿的時候會痛，所以我不想用貓砂。

所以，我把貓糧弄得到處都是。

獸醫是有虐待癖的劊子手，而且無所不用其極。

我打給獸醫！

那裡好痛！

他的地盤充滿讓貓咪焦慮的味道，預告最痛苦的折磨。

小孩臉狗身像＜獸醫

我不要做貓啦！

能迴避就迴避，我建議你身體稍感不適就馬上躲起來。

我發誓不會帶你去看獸醫！

騙子。

靠，牠知道我在哄牠。

如果病情惡化，父母還是會安排你去看獸醫……

獸醫不但不能舒緩痛苦，反而給你一千種折磨。

順便打個疫苗。

當他抓著你在不鏽鋼擋上不得動彈，你緊張得大量掉毛，貓掌也開始盜汗。

沒人會救你，你雖然稀哩嘩啦哇哇叫，還是沒人理你，你得獨自承受這個考驗。

唔，還是有六公斤重啊！

是我身上的毛太重啦，我有一點安哥拉貓的基因。

幸好這場酷刑最後平靜地結束，你安然返抵家門。

不過老天爺才知道你的父母幹嘛要在你的食物清單加上獸醫的餅乾。

來，米蝦，你有口福囉！

呸……

就算你吐掉這些餅乾也沒轍，父母會出花招樣騙你，譬如搗碎加在貓罐頭裡，或是和奶油攪在一起，好好的食物就這麼給毀了。

快吃啊！

怪哉，平常我得使出各種手段才吃得到奶油呀。

呵呵，舔得我好癢！

天壽！今天真是有夠衰！

說到底，我們瞧不起這些獸醫，如果有機會，我真想賞他們幾個耳光。雖然我們註定未戰先敗，但為了榮譽，我們還是要奮戰到底。

這是新到的貓餅乾，可以分期付款喔！

買一包嗎？

幹得好！

米蝦，你真重啊！

我可能還沒到家就先累死了！

自從有尿道結石，我吃的貓餅乾更好，因禍得福。

不餓也可以吃哦！

# 結紮，學習原諒

寬恕是消除憤恨的最佳管道，並在新
的基礎上重建人生。

米蝦，你的
蛋蛋真漂亮呢！

多謝誇獎。

六個月大時，兩顆紅棕色的蛋蛋讓我
引以為豪⋯⋯

再搔一下嘛，
嘻嘻！

你有看到那兩顆
毛絨絨的小蛋嗎，
超可愛的！

然後去了一趟獸醫院後，蛋蛋就不見了。

我好想找
母貓啊！

跟我說
也沒用啊！

後來我的體重直線上升，
就也無所謂了。

肚子大
這裡越來越
難洗了。

# 夢的解析

### 夢見有爪子的蒼蠅

被長了爪子的蒼蠅攻擊象徵失去自己的貓爪，也就是失去殺戮、自我實現的能力，如果你心情鬱卒，這種夢境會反覆出現。

### 夢見墜落或飛翔

貓咪夢見自己從窗台墜落，象徵牠重新經歷出生的一刻。

## 夢見垃圾車

一輛垃圾車從你家門前經過，並發出轟隆巨響，忽然，朝著你衝過去，把你輾平。垃圾車代表你的父母蹧蹋食物，彷彿一齣令人難以理解的悲劇。

## 夢見鞋子

鞋子代表血腥殺手的受害者，是即將被吃掉的老鼠（齧齒動物），這個夢充滿樂觀積極的意味，顯示想要走向他人的欲望。

### 夢見自己在吠叫

吠叫是許多壞事的徵兆，譬如搬家、結紮、
嬰兒的誕生，總之是很負面的夢。

### 其他夢境

夢見自己長出人類身體，代表你可能染
上愛滋病了，趕緊去做身體檢查吧。

### 夢見貓砂變成貓餅乾

貓餅乾沾了髒東西還能吃嗎？自遠古時代以來，所有偉大的哲學家都在思索
這個問題，這也表示你對生存的意義感到不安，非常想尋求認同，處於生命
的十字路口。

反正，米蝦絕對不是哲學家。

夢見房門緊閉代表活活餓死。

# 睡好覺，
# 不再做惡夢

邊看電視新聞邊睡覺

整個冬天都在睡

挺著圓滾滾的肚子睡

睡到房子著火也不管

早上九點開始睡

太陽底下呼呼大睡

天天睡滿二十二個鐘頭

# 小喵的教育不能等

小喵出生的前三個月完全依賴母貓。

小喵去新家前，母貓會給牠各種忠告。

這件 polo 衫很適合你，你一定會迷死他們。

好的教育就從保持清潔開始，像是把大便埋好、舔吮毛髮等。

現在，你要像個變態狂亂抓一通。

然後迅速跑開，故意把一堆貓砂撥出盆外。

小喵從小就得學習整理儀容。

貓砂撥得不夠多，重來！

之後，練習撕碎衛生紙。

要是不修邊幅、邋裡邋遢，怎能吃到甜頭呢？

來，再把這隻耳朵清洗一個鐘頭，我來清另一隻耳朵。

我們必須隨時保持儀容整潔，才能繼續贏得父母的愛慕。

唉喲，躺這樣，會長鮪魚肚啦。

在這個網際網路時代，可愛貓咪的影片到處流傳，我們得加把勁讓自己更吸睛。

狩獵的技藝也是基礎教育的一環。

看，如果你邊打哈欠邊喵喵叫，不只讓你更萌也簡單好做。

再凶一點，把你的尾巴脹大變粗！

瞎貓碰不到死耗子，鎖定獵物，暗中埋伏，然後迅速撲上去。

跳躍動作越小開始越好，後來要一輩子不斷演練。

貼平地面。

跟可麗餅一樣扁。

獵物會自己靠過來。

還不夠！大腿往上推，屁股用力。

當然，你可以把本書舉出的每個建議告訴牠，再斟酌牠的年紀練習。

噢，你把整屋子的東西都摔得稀巴爛，跟一隻成貓一樣。

我大力鼓吹積極正向的教育法，小喵自以為能為所
欲為後，會順理成章地認定自己是宇宙的中心。

也要教他有好奇心，愛管別人的閒事。

# 治療小喵
# 的心靈

不是每隻幼貓都有機會受到良好教育，
而我們都曾經是幼貓。

媽咪，
你要去哪裡？

我不想餵奶了，
我餵得好煩吶，掰！

那洗
澡澡呢？

上個禮拜
到現在你都
很乾淨。

也可以叫
爸比幫你。

拋夫棄子的母親、甩不開的父親、
比自己壯的兄弟等，這些都是造成
小貓心理創傷的原因。

但，
爸比是誰呢？

來，兒子，
我們先跟狼狗
打打架，
再找幾隻
母貓來搞。

我們還是
躺在毯子上
喝喝牛奶
就好。

你可能是這一胎的其中一隻。
你可能是老是無法忍受你的兄弟
姊妹的那一隻。

抱歉，
客滿了。

三天前我曾上
網訂位喔。

網上訂位未必
保證有位置。

你肯定還背負著這一段過去。
從早到晚露出面目可憎的樣子。

你不喜歡別人，也沒人喜歡你。

廁所在樓上。

我不想上了。

這些人害我的生活發霉，他們的貓餅乾超臭，我攻擊他們時，他們也不覺得好玩。

真希望他們全部死光光

不過動不動就碎碎念還是喚不回你失去的童年呀。發憤圖強，我的小老弟。

怨天尤人很簡單，不過要懂得忘掉過去，往前看，露出親切的樣子，你要振作起來，混蛋！

餵你的貓……是，我知道你照顧過米蝦……

不准動！我有噴水器，我知道怎麼用，別做傻事！

把噴水器丟到地上，然後輕輕踢過來。

多一點！

還有，以後別再亂親我！

明天見！

我從地獄回來了！

放開我！
放開我！
放開我！
放開我！
放開我！

# 神經喵語言
# 程式學（NMP）*

2013
課程表和
價格表

＊譯註：神經語言程式學NLP的變型NMP。NLP（神經語言程式學）是「Neuro」
（神經＝五感）、「Linguistic」（語言）、「Programming」（程式）的縮寫，
是有效結合語言學與心理學的實踐方法。NMP把「Linguistic」（語言）改成
貓語言。

「NMP」是一個艱澀難懂又體面的縮寫……

好像很有學問，不過你只是想把四周的人玩弄於股掌之上……

我再說一次，這是家父，OK？

快點，要開始囉。

……你的親爹親娘為了掙一口食物……

接著，呃……

好吧……

由於我們很有自信，深信明天會更好，也有明確的生活目標，又能對人類行為做心理分析……

牠這樣抓破樹幹會被處罰嗎？

……還有清楚的溝通方式，有助於傳承的高超技巧，更發展出能診斷心理行為的方法……

藉助我們的主觀性和原始天性，也透過一些積極並能加強你對周遭關係反應的理念。

我想我把話都說得很清楚了。

米蝦，你只是一隻公寓肥貓，就這麼回事。

如果不多給點貓餅乾，我就殺了你。

# 心理族譜學是鬼扯淡嗎？

心理族譜學是一種能透過家族史和祖先的秘辛來解釋個人心理創傷的思想流派。

我從沒見過我的爺爺奶奶。

這樣更好。

# 催眠

我總覺得催眠不靠譜又沒效。

我還是比較喜歡噴尿標記地盤耶。

要不就進來，要不就出去，但你不能待在這裡！

但我喜歡坐在這裡讀書嘛。

注意聽我的喵叫聲，儘量放鬆，你的眼皮很沉重，非常重。

滾啦！

嘶嘶嘶～

我固定在父母的床上尿尿，繼續玩弄他們的嗅覺神經。

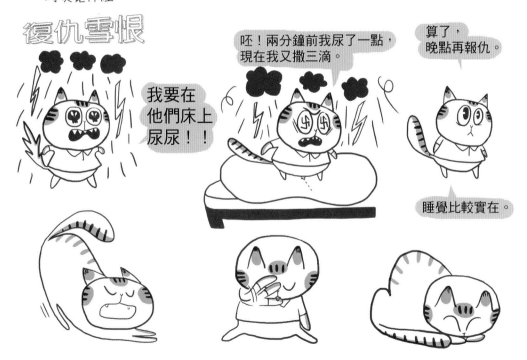

復仇雪恨

我要在他們床上尿尿！！

呸！兩分鐘前我尿了一點，現在我又撒三滴。

算了，晚點再報仇。

睡覺比較實在。

每三個月我會把膀胱裡的積水全部排光，
相當於石門水庫的蓄水量……

……就能把地盤標示得一清二楚，
不會產生糾紛。

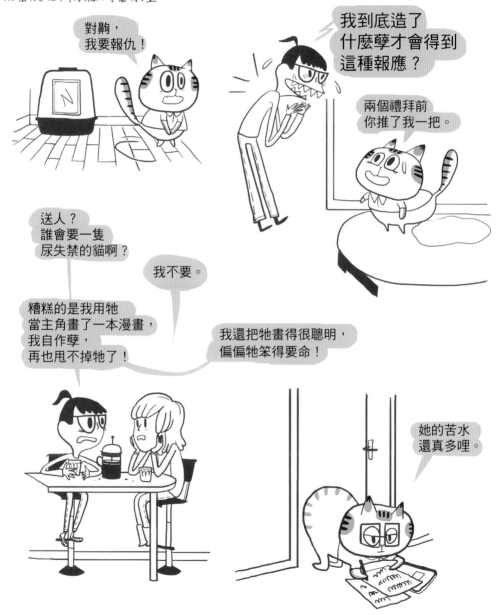

對齁，
我要報仇！

我到底造了
什麼孽才會得到
這種報應？

兩個禮拜前
你推了我一把。

送人？
誰會要一隻
尿失禁的貓啊？

我不要。

糟糕的是我用牠
當主角畫了一本漫畫，
我自作孽，
再也甩不掉牠了！

我還把牠畫得很聰明，
偏偏牠笨得要命！

她的苦水
還真多哩。

# 傾聽毛髮
# 的心聲

每天勤快梳洗貓咪才會快樂。

自我感覺好不好，就看毛髮是否柔亮光滑，有沒有毛屑。

如果你心情沮喪，有一餐沒一餐的，每天只睡十九個鐘頭，或者……

病得很重，你的毛髮可能一夕之間變得像一張老地毯，破破舊舊的。

如何讓一身毛髮常保光滑濃密，分分鐘自信十足？

米蝦耶誕夜時一副雄赳赳、氣昂昂的樣子。

必須養成良好習慣：每次吃完飯就梳洗一遍。

坐在窗台上透氣。

米蝦吹風時不必擔心會被風刮走。

每天喝兩大杯水。

嘿，你幹嘛喝我的水？

我想在吃蛋糕前漱一下嘴巴。

父母沖澡時跟著他們待在浴室裡。
水蒸氣能滲透並潔淨毛細孔。

父母抽菸時要趕緊迴避。

你的菸味好臭哦！

梳洗對安哥拉貓來說是件要命的差事。

真想趕快洗完，喘一口氣。

咳咳

吐

# 我們也通
## 人性

由於一天到晚跟著人類的父母鬼混，即使不太想承認，我們開始不知不覺地模仿他們，逐漸接近他們的天性。我因此發展出操作電腦的能力。

另外，看電視也是許多貓喜愛的娛樂。

旁邊有貓呼呼大睡，我實在沒法做事，這太不人道了。

米蝦，你讓我很暖和，不過也讓我愛睏。

我媽的娛樂是玩電腦遊戲，而我最愛網球遊戲，因為我也能玩，幫忙撿球。

出界！

一球決勝負！

好哇！

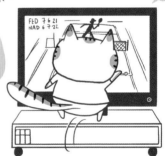

米蝦，不要！

FED 7 6 21
NAD 6 7 22

我也很喜歡縫紉。

線！

你答應我乖乖喔？

好。

不行！

做相簿。

裝飾聖誕樹囉。

我們有人性，我們天真浪漫，不時流露呆得很萌的眼神，胸懷無私的大愛。

米蝦覺得最棒的禮物是這個空盒子。

如果你用心看完此書，如果
你接受我的勸告，我保證你
一輩子吃香的喝辣的。

成為家貓並不保證一定從此
過著快樂的生活。

但是，我們還是要繼續努力，天天撒謊、噴尿、
亂抓、把人耍得團團轉，過著充實的生活。

# 過得還不錯的一輩子：
## 打造貓奴的幸福生活手冊

Vivre vieux et gros

| | |
|---|---|
| 作　　者 | 米蝦·卜雷（Michel Plée） |
| 繪　　者 | 萊思麗·卜雷（Leslie Plée） |
| 譯　　者 | 陳蓁美 |
| 封面設計 | 莊謹銘 |
| 版面構成 | 張凱揚 |
| 行銷統籌 | 駱漢琦 |
| 行銷企劃 | 林芳如 |
| 業務統籌 | 郭其彬 |
| 業務發行 | 邱紹溢 |
| 責任編輯 | 劉文琪 |
| 副總編輯 | 何維民 |
| 總 編 輯 | 李亞南 |

| | |
|---|---|
| 發 行 人 | 蘇拾平 |
| 出　　版 | 漫遊者文化事業股份有限公司 |
| 地　　址 | 10544 台北市松山區復興北路三三一號四樓 |
| 電　　話 | （02）27152022 |
| 傳　　真 | （02）27152021 |
| 讀者服務信箱 | service@azothbooks.com |
| 漫遊者臉書 | http://www.facebook.com/azothbooks.read |
| 劃撥帳號 | 50022001 |
| 戶　　名 | 漫遊者文化事業股份有限公司 |

| | |
|---|---|
| 發　　行 | 大雁文化事業股份有限公司 |
| 地　　址 | 台北市 105 松山區復興北路 333 號 11 樓之 4 |
| 香港發行 | 大雁（香港）出版基地‧里人文化 |
| 地　　址 | 香港荃灣橫龍街七十八號正好工業大廈 22 樓 A 室 |
| 電　　話 | 852-24192288，852-24191887 |
| 香港電郵 | anyone@biznetvigator.com |

| | |
|---|---|
| 初版一刷 | 二〇一五年四月 |
| ISBN | 978-986-5671-40-2 |
| 定　　價 | 台幣二八〇元 |

國家圖書館出版品預行編目 (CIP) 資料

過得還不錯的一輩子 : 打造貓奴的幸福生活手冊 / 米蝦 . 卜雷 (Michel Plée) 著 ; 萊思麗 . 卜雷 (Leslie Plée) 繪 ; 陳蓁美譯 . -- 初版 . -- 臺北市 : 漫遊者文化出版 : 大雁文化發行 , 2015.04
　面 ；　公分
譯自 : Vivre vieux et gros
ISBN 978-986-5671-40-2( 精裝 )

1. 貓 2. 寵物飼養 3. 漫畫

437.364　　　　104004782